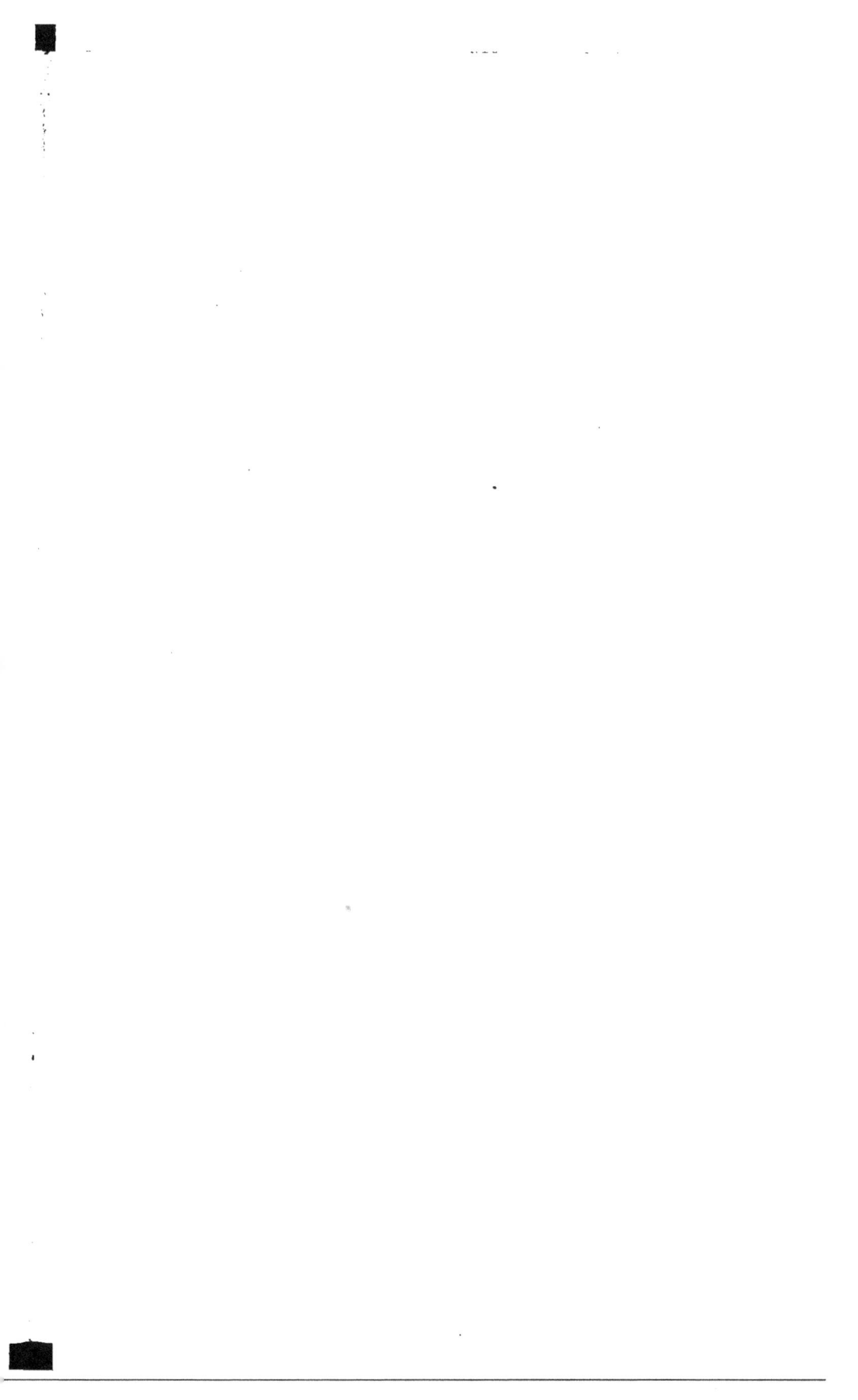

DU PRINCIPE

DE LA VIE PHYSIQUE

CHEZ L'HOMME

DU PRINCIPE

DE LA

VIE PHYSIQUE

CHEZ L'HOMME

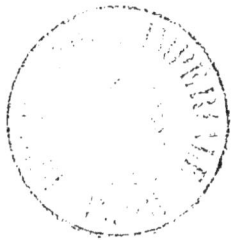

PARIS,

IMPRIMERIE BAILLY, DIVRY ET Cᵉ,

PLACE SOBBONNE, 2.

1857

DU PRINCIPE

DE LA VIE PHYSIQUE

CHEZ L'HOMME

⁓⁓

I

Quel est le principe de la vie physique chez
l'homme? Où en est le foyer? Où s'en cache la
source?

Les plus doctes répondent qu'ils l'ignorent;
quelques-uns ajoutent que nul ne le saura jamais
ici-bas.

Ici-bas, au-dessous de l'organisme humain,
nous rencontrons les organismes de l'animalité,
et au-dessous de ces derniers ceux des plantes.

Posons donc la question dans toute son étendue.

D'où viennent tous ces appareils? Quelles forces les produisent?

Bien qu'uniquement formées de molécules empruntées au règne minéral, les substances végétales nous présentent tout d'abord des composés qu'on ne découvre nulle part dans le précédent ordre de choses. Au lieu de s'offrir sous l'aspect de simples agrégats, soit homogènes, soit hétérogènes, ces composés constituent des ensembles destinés à des fonctions spéciales, autrement dit des organes, et ceux-ci, à leur tour, n'apparaissent jamais que par groupes arrangés pour concourir à un seul et même but. Est-ce tout? Non. Tandis que les molécules durent et persistent, impérissables, indéfectibles, soit dans une immobilité relative, soit dans un perpétuel mouvement d'alliances et de fusions incessamment changeantes, les individualités supérieures et complexes du règne végétal naissent, se développent et meurent, après avoir projeté hors d'elles d'autres êtres, qui, semblables à ceux qui les ont générés, et féconds à leur tour, remplacent, à ce rang de la création, la perpétuité des individus par celle plus haute des espèces.

S'il est incontestable que les organismes végétaux sont exclusivement tissus de molécules minérales, il n'est pas moins certain qu'aucune plante ne sort directement du monde de la pure matière,

mais d'un germe provenant lui-même d'un végétal antérieur. Quelle est dans cette formation la
part du règne minéral et celle de la cause ou
des causes qui concourent avec lui et que le
germe semble recéler? Tel est le problème à résoudre.

Les molécules avec leurs propriétés sont le seul
élément commun et au système minéral et au système végétal; tout le reste, particulier à ce dernier, ne se rencontre jamais dans l'autre. Quelle
idée se présente la première, sinon que, dans l'appareil de la plante, au règne inférieur appartien-
nent les atomes et leurs propriétés, objets de la
physique et de la chimie, tout ce qui dépasse devant être attribué à une ou plusieurs causes à dé-
couvrir et à définir?

La part de la matière proprement dite peut-elle
être plus considérable, aussi étendue surtout que
la voudraient faire quelques-uns?

De ces composés que nous offrent exclusivement les organismes végétaux, la science humaine
est parvenue, dans ces derniers temps, à réaliser
un certain nombre, et l'on peut espérer qu'un jour
elle les obtiendra tous. Supposons arrivée cette
heure peut-être fort éloignée encore; dans ces œuvres de la chimie appliquée, quelles causes voyons-
nous intervenir? D'une part, les molécules minérales et leurs propriétés; de l'autre, l'homme choi-

sissant, mesurant, rapprochant les éléments nécessaires, éloignant les éléments superflus ou
nuisibles, et, dans un grand nombre de cas, ame-
nant sur le mélange qu'il a rassemblé une quantité
nouvelle et suffisante de calorique, de lumière,
d'électricité. Que l'homme s'abstienne, plus rien
ne se produit que par l'intermédiaire et avec le
concours d'une plante préexistante. Qu'est-ce à
dire, sinon : — que la formation des principes
végétaux immédiats exige, outre les propriétés
et circonstances actuelles et ordinaires des substances minérales, l'intervention supérieure d'une
cause qui domine et dirige ces propriétés, en
réalisant les circonstances et conditions particulières susénumérées;

Que cette cause, dans la marche présente et
régulière de la nature, réside dans le végétal;

Que l'homme peut la remplacer, mais que la
pure matière n'est capable, livrée à elle-même,
que des combinaisons qui s'opèrent journellement
dans son sein?

II

Si la simple matière est impuissante à composer
seule les principes végétaux immédiats, peut-on

lui rapporter l'acte bien plus élevé de leur réunion en organes?

De ce que l'homme fait ou fera produire aux propriétés chimiques les principes végétaux immédiats, plusieurs sont tentés de conclure que le règne minéral peut les composer à lui seul. A-t-on seulement la ressource d'un paralogisme semblable pour lui attribuer la coordination de ces produits en organes? La science ·humaine en a-t-elle jamais formé un, si simple que ce fût? Se flatte-t-elle d'en fabriquer un jour? Oncques, ce nous semble, n'a été exprimé cet espoir, même par les plus hardis.

Il ne s'agit plus d'un agrégat simple ou composé, mais, dans tous les cas, amorphe; outre des combinaisons plus ou moins compliquées de substances minérales, tout organe se caractérise par une contexture et une forme particulière, traduction d'une idée supérieure à celles que représentent les composés S'il est manifeste que ces dernières n'existent pas dans le monde de la pure matière, comment lui faire honneur des conceptions bien plus avancées que révèle la diversité des organes?

Les objections deviennent en effet de plus en plus fortes.

Quoique faciles à ramener à un type unique, qui, en se développant et en combinant de mille

manières ses développements, en constitue toute
la hiérarchie, les organes des plantes n'en expriment pas moins, dans leur variété infinie, une
égale variété d'idées. Or, si la formation des
organes végétaux devait être rapportée au règne
minéral, toutes les molécules qu'il renferme pouvant être appelées un jour ou l'autre à entrer dans
la composition de tel ou tel organe, aucune plante
ne serait possible, ou toutes les idées qui engen-
drent la multitude des organes se trouveraient
dans chacune des innombrables particules du règne minéral.

Voilà donc déjà les atomes contenant l'image
de tous les organes végétaux... Mais il n'est pas
de cryptogame si infime qui n'en possède plusieurs
concourant au même but : la formation et le développement de l'individu, la perpétuation de
l'espèce. Nouvelle pensée, pensée de la plante supérieure à la conception de tel ou tel organe,
comme celle-ci est supérieure aux idées que réa-
lisent les principes végétaux immédiats. Mais autant d'espèces, et le nombre en est grand, autant
de combinaisons intellectuelles différentes. Force
est d'accorder encore toutes ces combinaisons intellectuelles à chacune des molécules que renferme le monde minéral, puisque chacune doit
pouvoir coopérer à la procréation de n'importe
quelle plante, ou le règne végétal est impossible.

Nous ne sommes pas au terme : pour qu'il naisse une plante, pour que les milliards de végétaux qui couvrent la terre puissent exister, il est indispensable qu'entre cette multitude bien plus grande de molécules également aptes à produire toutes les plantes comme toutes leurs parties, s'établisse et se maintienne, non pas une entente de quelques instants, mais un accord parfait, inaltérable, perpétuel et sur le type à réaliser, et sur la portion que doit exécuter chaque molécule, et sur tous les détails, tous les incidents possibles de ces milliards d'existences. Le règne végétal est à ce prix.

Ce merveilleux accord entre les atomes qui concourent à l'apparition des diverses plantes ne suffirait cependant pas encore. Les particules qui n'entrent pas dans ces combinaisons continuent à composer le monde minéral soumis à ses lois propres, réservé à ses fins particulières. Ce monde est le support et le lieu de tous les végétaux, mais les espèces répondent, dans leur variété, aux variétés d'ensemble, à la diversité de milieux que leur offre le règne de la matière proprement dite : ou les molécules s'efforcent partout d'exécuter tous les types, et chaque point du globe est le théâtre mystérieux d'une infinité de tentatives infructueuses, de labeurs perdus ; ou les molécules n'essayent la procréation d'une plante que là où se rencontrent toutes les conditions nécessaires ; mais dans ce cas il faut que chaque particule joigne à la connaissance du monde végétal la science non moins parfaite de toutes les influences terrestres, atmosphériques, célestes... de la géologie, de la météorologie, de l'astronomie.

Peut-on leur donner encore le modeste nom de molécules ou d'atomes?

III

Offrant, sous des formes plus élevées, les mêmes caractères que les appareils végétaux, ceux de l'animalité soulèvent exactement les mêmes problèmes.

Incapable de produire sans une direction supérieure et dominatrice les principes végétaux immédiats, entièrement étranger, on n'en saurait douter, et à leur réunion en organes et au groupement harmonique des organes en individualités complètes, le règne minéral peut-il prendre une plus large part à la formation des composés, des organes, des ensembles de plus en plus compliqués de l'Animalité?

Suite ascendante et progressive des types présentés par le règne végétal, les composés, les or-

ganes, les ensembles de l'Animalité expriment
dans leurs vastes et splendides séries un ordre
correspondant d'idées, de conceptions, de pensées
nouvelles et de plus en plus hautes. Si l'on veut
cependant que leur mise à exécution soit encore
l'ouvrage du règne minéral, il faut les ajouter
dans chaque molécule à toutes les idées que supposerait déjà la procréation des diverses classes
de végétaux.

Pour s'entendre sur les choix à opérer dans
cette nouvelle multitude d'idées, et, après option,
conduire à bien toutes ces existences autrement
complexes et accidentées (même à ne considérer
que les faits purement organiques) que les existences végétales, les innombrables atomes du règne minéral devront continuer à maintenir entre
eux, sur tous les points à décider, l'accord parfait, constant, inaltérable que supposaient déjà la
construction et l'entretien des appareils végétaux.

Si, enfin, la vie des plantes est intimement
liée au monde de la matière proprement dite,
des relations non moins étroites unissant la vie
animale et au système minéral et au système végétal, chaque particule devra connaître également tous ces rapports, ou les organismes de l'A-
nimalité ne peuvent exister. Or, ils existent.

IV

Mais l'Animalité présente une difficulté que ne soulevait pas encore le monde végétal.

Qui oserait aujourd'hui refuser aux êtres appelés par plusieurs nos *frères inférieurs* la faculté de sentir et de percevoir des images, que la mémoire conserve et reproduit, et qui, se combinant entre elles, actuelles ou ravivées par le souvenir, déterminent concurremment, avec des impulsions plus hautes, les manifestations si diverses de l'activité animale ; hiérarchie de sensations de plus en plus distinctes, compréhensives, variées, de sentiments de plus en plus élevés, d'opérations de plus en plus complexes, depuis les sensations obtuses des zoophytes et des mollusques jusqu'aux actes, parfois si profondément combinés, des vertébrés supérieurs, voilà certainement en dehors et au-dessus des merveilles de l'organisation tout un ordre de faits aussi nouveaux que considérables ! Après avoir prêté aux molécules la science immense et la sagesse merveilleuse que supposerait la construction par elles des appareils végétaux et animaux, ce ne serait pas les enrichir que de leur accorder les sensations, les images, les actes qui constituent la vie animale proprement dite. Mais la sensation, l'image comme l'idée, comme la volonté libre ou non libre, nécessitent un être *un* qui sente, qui perçoive, en qui se formule la volonté. Si le mécanisme physique peut être à la rigueur le résultat d'un accord impossible, il est vrai, ici aucune entente, si prodigieuse que ce soit, n'est suffisante. Il faut au contraire un être *un* qui soit le sujet de la sensation, de la pensée, de la volonté *unes*. En vain, par conséquent, reconnaîtrait-on aux molécules la capacité de s'agglomérer en organismes végétaux et animaux, que la théorie viendrait encore et invinciblement se briser contre l'impossibilité de fournir, sans se démentir et se détruire elle-même, la sensation, l'image essentiellement *unes*.

V

Pour échapper aux conclusions qui nous semblent sortir inévitablement de l'étude sincère des faits, le moderne atomisme cherchera-t-il un refuge dans la doctrine dont il n'est, à vrai dire, que la timide et incomplète expression, dans cette doctrine plus ferme et plus franche, proclamant sans détour « qu'il n'existe ni minéraux, ni végétaux, ni

« animaux, pas plus qu'il n'existe d'humanité,
« mais seulement l'Être universel se jouant de
« toute éternité dans l'espace sans bornes, sous
« une variété infinie et une incessante mobilité de
« formes éphémères, aujourd'hui minéral, de-
« main plante, animal, homme, pour redevenir
« plante, minéral, soleil. »

Nous y consentons. Dieu est tout, tout est Dieu,
et les atomes n'étant plus des êtres contingents,
dérivés, finis, mais des fractions de la Divinité,
nous admettons sans peine qu'ils trouvent ou développent en eux-mêmes par une suite d'évolutions les propriétés, les idées, la sagesse toute di-
vine qu'impliquerait la fabrication des organismes
végétaux et animaux. Tout mouvement ascensionnel, loin de répugner à l'esprit, lui agrée, au
contraire. Mais l'œuvre qui va naître répondra-
t-elle au moins à la grandeur singulière et au nombre des ouvriers?... Le labeur réuni de tous ces
dieux aura pour résultat l'organisme d'une plante
qui ne s'élève pas jusqu'à la sensation, l'appareil
d'un animal qui, *tout entier*, sera doué de la faculté de sentir, de percevoir des images, de vou-
loir, mais dont la volonté n'est pas libre, qui ne
se connaît pas même. On se soulève contre l'i-
dée d'un Dieu, Créateur souverain, projetant hors
de lui, sans se diminuer, la multitude infinie des
êtres de toute classe, de tout rang, et les frac-

tions du Grand-tout, que l'on préfère, sont obli-
gées et de se transformer en véritables divinités
et de se réunir, de se fondre ensemble par myriades de myriades pour arriver à constituer,
qu'on veuille bien le remarquer, non pas seulement par leur travail, mais avec leurs propres
personnes, quoi? les appareils des végétaux et
des animaux.

Et puis, lorsque, ces appareils tombant en dissolution, tous ces dieux sont renvoyés au règne
minéral, que deviennent leurs suprêmes facultés?
S'anéantissent-elles pour renaître aussitôt qu'il
s'agira de confectionner un nouvel organisme végétal ou animal? Entrent-elles simplement en
sommeil ou continuent-elles à subsister, comme
subsiste dans l'homme la pensée qu'il garde en
son âme sans l'exprimer au dehors? Composés
eux-mêmes de dieux vivants et agissants, nos
pieds foulent, lorsque nous marchons, des dieux
déchus, endormis ou muets...

La constitution du sujet *un* destiné à éprouver
la sensation, à percevoir les images, en qui se formule la volonté serait, il faut en convenir, beaucoup plus facile à expliquer. On aurait même le
choix entre différents modes; le sujet pourrait en
effet se former par une évolution particulière de
l'une des particules qui se réunissent pour façonner l'organisme animal ou par la fusion de plu-

sieurs, ou bien encore, œuvre et produit commun
de toutes les molécules, de la substance qu'elles
sécréteraient simultanément. Chacune de ces hypothèses est fort acceptable en soi ; mais l'une
comme l'autre conduisent ici à ce résultat singu-
lier : Des milliards de dieux étant nécessaires pour
composer les organismes végétaux et animaux,
chacun de ces appareils doit valoir ce que valent ces
dieux. Pour constituer, au contraire, le sujet sentant et agissant, il suffirait de la somme d'une seule
molécule s'élevant jusqu'à la vie animale. Le sujet
qui, dans l'animal, sent, perçoit, agit, serait alors
immensément inférieur en valeur à l'organisme
qui le dessert, l'instrument incommensurablement
supérieur à l'agent.

L'animal, l'animal intérieur, ver de terre ou
puceron, est servi par des milliards de dieux...

L'univers matériel tout entier n'est qu'une poussière impalpable de divinités à tous les états !...

VI

Revenons enfin aux déductions de la simple
logique.

Le règne minéral paraissant absolument incapable de fournir à lui seul les principes végétaux
immédiats, nous avons conclu, la majorité des sa-

vants, voulons-nous dire, concluent à l'existence, dans l'intérieur de la plante, d'une influence, d'une cause qui, réagissant sur les propriétés des corpuscules, leur fait produire des composés, qu'il ne peuvent réaliser seuls, mais une influence, une cause, ou c'est un vain mot, ou c'est une substance qui agit. Une substance-cause, concourant à la formation des principes végétaux immédiats, existe donc au sein du végétal.

Dans les organes de la plante ou de l'animal, des formes qui, entièrement différentes de celles que revêtent les agrégats minéraux, supposent ou l'aperception nette et complète de ces formes ou tout au moins la notion, *sous un certain mode*, des mouvements nécessaires pour les exécuter. Ces notions, nous avons démontré l'impossibilité de les attribuer à la pure matière, impuissante à donner seule des principes végétaux immédiats. Ne sommes-nous pas contraints de les reporter à un sujet que dérobent à nos regards les enveloppes matérielles de la plante ou de la bête?

Association d'organes étroitement unis, le corps entier du végétal ou de l'animal suppose au moins la connaissance, dans une certaine mesure et sous un certain mode, des rapports qui doivent relier les nombreuses divisions du système préconçu. S'il nous est interdit de placer cette aperception dans le règne minéral incapable de fabriquer à lui seul un organe de plante ou d'animal, évidemment elle existe dans quelque partie secrète du végétal ou de la bête.

Tandis que la molécule minérale demeure toujours la même, immortelle dans sa vie limitée, la plante, l'animal commencent, croissent, s'arrêtent, puis déclinent et meurent. Ne faut-il pas que végétal et bête renferment un principe de vie autre que celui qui anime la particule minérale?

Maintenant, sous cet ensemble de composés nouveaux formés pour constituer les organes et d'organes harmoniquement rapprochés pour réaliser l'appareil complet de la plante ou de l'animal, peut-il s'abriter plusieurs causes diverses, et celle qui préside à la formation des composés n'est-elle pas nécessairement celle qui les réunit en organes et lie ces organes entre eux, de façon qu'ils contribuent chacun pour leur part au but commun, la constitution, la vie du végétal (1) ou de l'animal dans toutes ses phases, depuis la naissance jusqu'à la mort?

----

(1) Arbre ou arbuste, tronc ou tige, branches, rameaux : famille de monades unies dans un appareil commun, celle du tronc ou de la tige, envoyant à ses enfants la nourriture puisée dans le sol, ceux-ci faisant de leur côté passer à leur mère ou se transmettant les uns aux autres les aliments tirés de l'atmosphère. — Bouture : séparation d'une monade qui se donne un appareil complet et le plus souvent devient à son tour chef de famille.

VII

Voilà pour la confection et le développement des appareils végétaux ou animaux; mais dans l'animal, nous l'avons fait remarquer, se rencontre la sensation, l'image, le sentiment, l'activité commençant à puiser ses mobiles dans l'être lui-même, au lieu d'attendre, pour se manifester, les appels, les injonctions du dehors. La sensation essentiellement une, avons-nous ajouté, ne peut être éprouvée que par une substance une. L'argument a la même force, qu'il s'agisse de l'homme ou de la bête. On admettra peut-être sans trop de peine, sous les tissus de la plante ou de l'animal, une monade d'un ordre supérieur à la molécule minérale, mais une monade semblable à celle que nous nommons l'âme humaine!...

La matière, assure-t-on, est essentiellement étendue, et à ce titre divisible à l'infini; la science proclame cependant sous cette divisibilité sans limite l'existence d'individualités qu'elle appelle molécules ou atomes. Ou ce sont de véritables individualités, ou derrière elles s'en cachent d'autres possédant le caractère essentiel de toute existence, l'unité. Là, en effet, où elle manque, il y

a plusieurs existences et non une seule ; mais plusieurs existences, c'est au moins une première
existence, plus une seconde. Il faut donc inévitablement en arriver à une substance une. En d'autres termes, l'idée d'existence, d'être et l'idée
d'unité sont inséparables, pour ne pas dire identiques, et du moment où l'on reconnaît la réalité de
la matière, on proclame, sous cette dénomination,
l'existence d'une ou plusieurs substances unes.
Celle qu'on appelle l'âme humaine et celle qu'on
nomme molécule minérale ne sont donc pas, sous
un très-important rapport, aussi différentes l'une
de l'autre que l'on est vulgairement disposé à le
penser, avant d'avoir suffisamment approfondi
l'idée d'existence.

Mais si la monade minérale est une par cela
seul qu'elle existe, et la monade qui chez l'animal
sent et réagit, parce que la sensation implique
l'unité du sujet sentant, celles qui façonnent les
appareils végétaux et animaux le sont également
et parce qu'elles existent et parce qu'en elles se développe, sinon des idées, au moins une certaine
espèce de connaissances qui impliquent également
l'unité. Unes à ce double titre, les monades qui
fabriquent les appareils de l'animalité deviennent
parfaitement capables des sensations, perceptions
et réactions qui constituent la vie animale proprement dite.

Cela étant, peut-il y avoir une monade chargée de former et d'entretenir l'organisme, et une autre, de sentir et de réagir?

VIII

Ne recevant les impressions des choses extérieures et ne réagissant contre elles qu'au moyen des modifications intermédiaires de son appareil, l'animal ne peut développer cette portion de sa vie sans une constante concordance non-seulement entre l'activité et la passivité du monde extérieur et la passivité et l'activité de l'organisme, mais entre cette activité et cette passivité et celles de la monade sentante et agissante. En vain le Créateur aura-t-il doué cette dernière de toutes les facultés nécessaires pour apprécier justement les phénomènes du monde extérieur et réagir contre eux, s'il n'existe un suffisant rapport entre les susceptibilités et réactibilités de la monade et de l'appareil qui la met en communication avec le dehors, les impressions qu'elle prendra du monde extérieur, en les modelant sur les modifications de l'appareil, ne répondront plus à l'action véritablement exercée par le monde extérieur, et les impulsions qu'elle lui renverra ne répondront plus qu'à des erreurs, au lieu de répondre à des réalités.

L'organisme, de plus, ne les transmettra que d'une manière inexacte. L'existence de l'animal devient absolument impossible.

Eh bien! cette corrélation indispensable à la vie de la bête, comment l'obtiendrez-vous si la machine matérielle est l'ouvrage d'une autre monade que celle qui sent et réagit?

Ces deux monades auront-elles des origines différentes; la première, pour reprendre un instant la thèse panthéistique, sortant de l'évolution ou de la fusion des molécules minérales, la seconde de quelque autre source, de l'une de celles, par exemple, que nous indiquerons plus loin?

Les particules des corps simples sont respectivement semblables entre elles, mais les mêmes corps forment, en proportions différentes, des combinaisons différentes aussi, et ces dernières donnent à leur tour une bien autre diversité de composés nouveaux; le système minéral n'échappe pas à cette grande loi de l'univers : variété croissante à mesure que l'on gravit la hiérarchie des substances et des êtres. En vertu de cette loi, les monades qui s'élèveront à la surface du règne minéral présenteront une diversité beaucoup plus grande encore que les produits précédents et purement minéraux. Eh bien! en supposant que cette diversité ne soit ni inférieure ni supérieure, mais égale à celle des espèces animales, qui ga-

rantit qu'elle sera correspondante, le progrès hiérarchique exigeant, au contraire, que le rang supérieur dépasse l'inférieur et en diffère, sous
peine de double emploi? Admettons pourtant la
correspondance et, de plus, que chaque monade
ira à l'espèce animale qui l'attend ; il reste encore
ceci : Les substances et produits minéraux, de
chaque espèce, possédant identiquement les mêmes propriétés *au même degré*, il devra en être de
même des monades qu'elles auront engendrées.
La mutabilité des caractères secondaires, la *différence d'étendue* des propriétés d'un individu à l'autre, étant au contraire l'attribut nouveau et spécial des espèces animales (comme déjà des espèces
végétales), leurs organismes doivent participer à
cette mutabilité (1). Pour combler cet abîme, ferez-
vous intervenir la puissance et la sagesse des ato-
mes-Dieu, quelles complications, lorsque la monade nécessaire pour façonner l'appareil peut
être la monade sentante et agissante ! Des complications et difficultés équivalentes se rencontre-
ront, quelques origines que vous prêtiez aux
deux monades, et si, pour en obtenir d'exactement correspondantes, vous voulez qu'elles éma-
nent de la même source, avec plus de force vous
demandera-t-on pourquoi deux, lorsqu'une seule

(1) Ceux qui dans l'animal ne veulent voir qu'un organisme,
peuvent moins que personne contester cette variabilité.

peut remplir les deux offices et que par ce moyen
est plus sûrement garantie, sans aucun doute,
l'harmonie nécessaire entre la monade et son instrument?

La monade chargée de fabriquer un organisme
avec des éléments empruntés aux règnes inférieurs, ne peut accomplir sa tâche qu'à la double
condition de connaître, d'une certaine manière,
les matériaux qu'elle doit mettre en œuvre, et de
réagir sur eux.

Mais c'est en face du même monde qu'est placée
la monade sentante, la monade à laquelle est
confiée la mission d'exercer les réactions plus
hautes de la vie animale proprement dite. L'objet
restant le même, les connaissances respectives que
doivent acquérir les deux monades ne peuvent
différer entre elles que d'étendue, en d'autres
termes, celles de la monade qui préside à la confection de la machine ne sauraient être que des
modes inférieurs de vision, de tact, de goût, d'o-
dorat, d'audition, indiquant, dans une mesure
plus étroite et plus près de leur point de départ et
de leur racine, les propriétés dont les sensations
visuelles, tactiles, gustatives, olfactives, auditives
révèlent à la monade sentante les développements
supérieurs et plus larges.

Ces deux ordres de notions ne peuvent même
être séparés que par une nuance : connaître,

avant de commencer l'œuvre, la matière à em-
ployer, la connaître dans l'œuvre déjà ébauchée,
en connaître les modifications dans l'œuvre ache-
vée, et par ces modifications, celles du monde,
dont elle a été tirée et qui l'environne, si ces aper-
çus ne sont pas identiques, ne sont-ils pas au
moins du ressort des mêmes facultés?

Agir sur le monde extérieur pour y puiser les
matériaux nécessaires, agir sur ces matériaux déjà
rassemblés, agir sur leur ensemble lié et coor-
donné, et par lui sur les choses du dehors, n'est-
ce pas encore et plus certainement un seul et
même travail devant être dévolu à une seule et
même faculté? Ne serait-il pas étrange que des
opérations comme des notions presque identiques,
réclamant l'intervention des mêmes aptitudes,
fussent partagées entre des sujets et des agents
différents?

Qu'à une seule monade au contraire soit remise
la double fonction de confectionner la machine
et de déployer la vie animale proprement dite,
comme elle connaîtra et jugera le monde extérieur et les éléments qu'elle y choisit, ainsi elle
connaîtra et jugera ces derniers en les employant,
ainsi encore elle en connaîtra les modifications
lorsqu'ils seront devenus son organisme. Cet organisme sera pour elle comme le monde lui-même.
Simultanément, comme elle aura réagi sur le

monde du dehors et sur les matériaux qu'elle lui emprunte, ainsi elle réagira sur ces matériaux devenus son instrument, et celui-ci sur le dehors. Cet instrument sera pour elle vis-à-vis du monde comme une autre elle-même.

La triple correspondance entre les activités et les passivités du monde, de l'organisme et de la monade, se trouve réalisée. L'Animalité est devenue possible.

Non, elle ne l'est pas encore; ce ne serait point assez, en effet, du concert de la monade sentante, agissante, et de son instrument, au moment de leur réunion; ni la monade ni son appareil ne sont une minute, une seconde sans subir quelque changement, chacun suivant sa nature propre. Supposez donc, comme nous le faisions tout à l'heure, que la monade qui façonne et entretient le mécanisme physique ne soit pas celle qui doit sentir et réagir. En vain seraient-elles, provenant d'une même source, semblables, identiques au début, placées désormais dans des conditions différentes, soumises à des influences diverses, diversement exercées et appliquées, elles iraient inévitablement se séparant de plus en plus. Dans les mêmes proportions inévitablement croîtraient les divergences de la monade sentante, agissante, et de son instrument, incessant ouvrage de l'autre monade. L'animal aura bientôt péri. Qu'à la même monade, au contraire, soient attribués ces deux offices : opérant dans l'un et l'autre avec les mêmes facultés ou avec des facultés toujours et nécessairement correspondantes, ce qui lui deviendra difficile, ce sera de ne pas maintenir, malgré leurs continuelles modifications, l'indispensable harmonie de la monade et de son instrument.

IX

S'il est nécessaire que l'appareil physique de la bête soit façonné, soutenu, entretenu par la monade qui éprouve les sensations, perçoit les images, exerce les réactions de la vie animale proprement dite, plus indispensable est-il, si l'on ose dire, que l'âme humaine fabrique elle-même l'outil de son œuvre terrestre.

On nous permettra d'entrer dans les éclaircissements que réclame l'importance de la question.

Que les sensations et les images qui nous donnent les premières indications du monde matériel ne s'obtiennent que par l'intermédiaire du système nerveux, personne ne le conteste. Mais l'idée (non encore abstraite et généralisée) n'est que le même simulacre demeurant dans l'âme à l'état latent,

pour se reproduire au besoin en l'absence de la
cause qui avait fait impression sur l'appareil sen-
sorial externe. Si l'idée qui s'est modelée sur la
vibration encéphalique provoquée par la cause
extérieure pouvait renaître dans l'âme par un
mouvement solitaire de cette dernière, la simili-
tude qui doit exister entre l'idée première et sa
reproduction serait-elle aussi bien garantie que
si, pour raviver l'idée, l'âme était obligée de raviver aussi l'ébranlement cérébral qui deviendrait
ainsi le contrôle certain et constant de l'image re-
nouvelée ? Ce contrôle est manifestement indispensable pour que l'idée ou fantôme conceptionnel
soit bien la contre-épreuve de l'idée première.

Quoique les rapports entre les sensations ou
plutôt entre leurs causes extérieures (rapports de
couleurs, de forme, etc.) soient de pures abstrac-
tions, il est cependant évident qu'ils tiennent de
trop près aux causes elles-mêmes pour que la connaissance n'en arrive pas à notre esprit par la
même voie et sous la même condition, c'est-à-dire
par l'encéphale et au moyen d'une vibration ner-
veuse. Mais nous ne percevons pas seulement les
rapports des sensations, nous comparons également les idées. Laquelle des deux hypothèses pro-
met une perception plus exacte de leurs rapports,
la faculté opérant, si l'on ose dire, sur ces produits
de l'organisme sans aucun contact avec lui, ou la

même faculté forcée, pour se déployer, d'entrer en
relation avec le cerveau? Le doute n'est pas un instant permis. N'hésitons donc pas à déclarer que
les facultés de l'entendement ne sauraient parvenir
sans l'intervention des centres nerveux à aucune
des connaissances qu'elles doivent acquérir du
monde extérieur, que telle est la condition rigoureuse de la justesse, de la sûreté de leurs appré-
ciations. Mais quelle est celle de nos aptitudes intellectuelles qui ne soit pas appelée à concourir à
la conquête de ces connaissances?

Ce ne sont pas seulement les idées qui se forment sur les sensations; sur les unes et sur les
autres se règlent de même les sentiments, les impulsions instinctives qui se rapportent à notre organisme et au monde extérieur. Si l'on ne peut
admettre que les idées naissent dans d'autres conditions que les sensations, il n'est pas moins nécessaire que les sentiments et les impulsions rela-
tives à l'organisme et au monde matériel soient
soumis aux mêmes garanties, c'est-à-dire au concours et au contrôle de l'appareil physique. Mais
quel est celui de nos sentiments les plus nobles,
quelle est celle de nos impulsions les plus hautes
qui ne s'applique souvent au monde du dehors ou
à notre organisme? n'est-ce pas le même sentiment qui nous écrase sous la pensée de Dieu infini et en face de l'Océan?

L'âme de l'homme n'a pas seulement à refléter la fidèle image du monde matériel ou à vibrer à son unisson, elle doit aussi réagir sur lui. Mais de même que le monde ne peut atteindre la monade humaine qu'à travers l'enveloppe dont elle est revêtue ici-bas, les réactions psychiques ne sauraient non plus parvenir aux choses tangibles qu'en prenant pour intermédiaire l'appareil encéphalique et corporel. Tel il est, telle est sa docilité à conformer ses mouvements à ceux de l'âme, tel est l'effet qui arrive jusqu'aux choses du dehors.

En nous plaçant en présence de l'hypothèse la plus simple : la sensation, l'idée suscitant directement la détermination, encore faut-il que celle-ci adapte la réaction à la sensation éprouvée. Mais c'est le plus souvent dans une trame vivante et instantanée de sensations, d'idées, de sentiments, de rapports, de volitions, de réactions que doit s'établir la rigoureuse correspondance des idées aux sensations, des sentiments aux unes et aux autres, des rapports à tous les termes entre lesquels ils sont perçus, des volitions à tous les mobiles qui les ont déterminées, des réactions aux volitions. Un pareil ensemble de concordances serait-il possible, si les termes extrêmes, images d'une part, mouvements réactionnaires de l'autre, dépendant en grande partie de l'organisme, de ses propriétés, de ses lois, les termes in-

termédiaires étaient livrés à l'âme seule, à ses
propriétés particulières, aux lois spéciales de sa
nature ?

Les êtres que nous appelons matériels et les
rapports qui existent entre eux ne sont pas l'unique
étude présentée ici-bas à l'intelligence humaine.
De la perception de ces êtres et de leurs relations
elle doit s'élever à la connaissance des êtres plus
nobles, parmi lesquels nous figurons nous-mêmes,
et de leurs rapports plus compliqués. Mais ces
êtres et ces rapports, loin de former un monde
opposé au premier et entièrement différent, ne
sont, au contraire, que la manifestation supérieure
et plus large de l'être et de ses propriétés, dont
l'univers matériel nous offre une plus humble représentation. Les relations étroites qui unissent
la hiérarchie des êtres se retrouvent naturellement
entre les idées, images de ces êtres et de cette
hiérarchie. Il n'est par conséquent aucun ordre
d'idées qui n'ait sa racine dans le monde appelé
physique, disons mieux, aucune idée qui n'ait une
double expression et dans le règne de la matière
et au-dessus. Eh bien ! peut-il y avoir des facultés
chargées de connaître les manifestations inférieures et d'autres les manifestations supérieures,
ces deux classes de facultés opérant d'après des
lois différentes, ou tout au contraire ces doubles
réalisations des mêmes idées ne veulent-elles pas

être appréciées par les mêmes facultés, n'ayant qu'une seule et unique manière de fonctionner, afin que l'intervention du mécanisme physique en contrôle également toutes les applications, comme le monde matériel plus simple et plus facile à comprendre aide l'esprit à se rendre compte des éléments et des rapports plus complexes du monde supérieur (1)?

Sentir est une *manière de connaître*, dont les manifestations *devancent, fortifient* et *complètent* celles de l'intelligence, mais qui ne saurait avoir pour objet, comme l'intelligence proprement dite, que l'être et ses propriétés à ses divers degrés d'épanouissement, monde matériel, monde supérieur. La corrélation hiérarchique, l'unité fondamentale et idéale de leurs éléments respectifs, qui exige une série unique de capacités intellectuelles, n'ayant qu'un mode unique de fonctionnement, ne réclame pas moins impérieusement une série unique d'aptitudes sentimentales et un seul mode de fonctionnement, et la sensibilité, étant soumise dans quelques-unes de ses applications à l'intervention de l'organisme, doit l'être également dans toutes.

Si notre volonté ne peut lutter contre le monde

(1) Presque tous les mots de toutes les *langues n'expriment-ils pas* cette *unité fondamentale* des deux *mondes*, cette *rigoureuse correspondance* de leurs *éléments?*

matériel qu'en empruntant le secours de notre
appareil physique, il n'est en même temps aucune
de ses applications, si hautes que ce soit, qui n'implique, qui n'entraîne quelque action à exercer
sur la matière. Comment diviser l'exercice d'une
seule et même faculté? Du moment, d'autre part,
que la sensibilité et l'intelligence ne peuvent se
déployer, même dans leurs formes supérieures,
sans l'assistance du cerveau, comment la liberté
pourrait-elle se passer de l'organisme, même dans
ses manifestations les plus élevées, c'est-à-dire
dans ses réactions sur l'intelligence et la sensibilité? Pour réagir sur un sujet à double nature, ne
faut-il pas un agent de nature analogue?

X

L'immixtion de l'appareil dans tout le travail de
l'âme est réclamée par d'autres raisons encore.

Enchaîné au monde inférieur dans le sein du-
quel il a été formé, déjà par lui-même plus réglé
que l'âme, l'organisme joue fréquemment vis-à-vis
d'elle le rôle utile, nécessaire de modérateur.

Qu'arriverait-il si les facultés réflectives qui
n'opèrent que sur les données fournies par les facultés perceptives étaient affranchies de l'influence

que subissent ces dernières? Pendant que celles-ci
accompliraient leur tâche avec la lenteur relative
que leur impose leur condition, les autres, ou se
résignant à leur subordination rationnelle, atten-
draient en vain dans la souffrance d'une activité
inemployée les matériaux qui ne leur seraient
pas offerts avec assez d'abondance, ou se livrant
dans leur ardeur et leur indépendance de fait à
des déductions prématurées, s'iraient perdre dans
des généralisations de plus en plus chimériques.
Guide de la volonté, la réflexion pourrait-elle er-
rer sans entraîner avec elle la liberté trompée par
la lumière même qui doit lui montrer la route, et
si la réflexion était, comme la perception, liée à la
machine physique, tandis que la volonté seule en
resterait complétement dégagée, à quels écarts ne
se laisserait pas aller une faculté qui est de sa nature et par son principe la possibilité même de
s'égarer?

Identique serait la position des penchants supérieurs vis-à-vis des sensations, des perceptions
qui doivent susciter, déterminer, diriger leurs
expansions. Ou l'âme, faute d'objets sur lesquels
porter ses affections, étoufferait sous le poids
d'une sensibilité exubérante, qui ne trouverait pas
à s'épancher au dehors, ou, s'abandonnant à des
exaltations injustifiées, deviendrait pour la volonté
une cause nouvelle d'erreurs et d'aberrations.

Où n'irait pas cette dernière, poussée à la fois
par les égarements de la réflexion et par ceux de
la sensibilité?

Si, en pesant sur notre organisme, le monde
matériel qui l'environne en contient encore l'activité déjà plus ordonnée que celle de l'âme, de ce
même milieu, comme de ses propres éléments, arrivent aussi à notre appareil, indépendamment des
sensations qui vont remuer l'âme, de continuelles
incitations, allant toutes (1), sur quelque partie
externe ou interne qu'elles agissent d'abord, re-
tentir dans le cerveau, doué à son tour d'une aptitude extrême à se pénétrer dans toute son étendue de l'animation qui a surgi en quelque point.
En face de ces dispositions de l'organisme, l'âme,
limitée, défectueuse, n'est pas sans avoir aussi de
son côté ses langueurs comme ses emportements,
et ses propriétés subalternes s'épanouissant naturellement les premières, chez la plupart des individus, surtout dans la jeunesse, la réflexion est
faible encore pendant que déjà surabondent les
perceptions, la sensibilité supérieure (Idéalité,
Vénération....) naissante à peine en face de ses
sublimes objets dévoilés par les facultés percep-

(1) Influences vivifiantes de la chaleur, de l'air, des gaz et
parfums inhalés, des aliments et boissons, des circulations san-
guines et lymphatiques, de tous les phénomènes enfin d'une santé
régulière et forte.

tives et réflectives, la volonté incapable, livrée à elle-même, d'accomplir son rôle de direction et de gouvernement, toutes les facultés, en un mot, à un état respectif de puissance inverse de leur rang et de l'action qu'elles doivent exercer les unes sur les autres. Stimulé par les causes extérieures ou par les incidents spontanés de sa vie particulière, l'encéphale vient à chaque instant aiguillonner l'âme trop engourdie, ou bien, le mouvement tardant trop à monter en elle des facultés inférieures aux facultés plus hautes, c'est l'irritation physique qui, gagnant avec la facilité et la promptitude qui lui sont propres, des organes subalternes aux organes supérieurs, rétablit entre les facultés, par l'impulsion uniforme qu'elle leur imprime, les rapports nécessaires d'harmonique activité. Comment l'organisme pourrait-il remplir tour à tour, vis-à-vis de l'âme, cet office de modérateur, d'incitateur, et dans les deux cas de régulateur, si son action n'atteignait directement toutes les facultés?

Leurs divers groupes ne sont pas seuls unis non plus par d'étroites relations. Entre les différentes aptitudes de chaque groupe et entre chacune des aptitudes de l'âme et toutes les autres, existent des rapports logiques de subordination, de génération, d'accord, d'opposition, d'équilibre. D'autre part, ne révélant chacune qu'un des aspects de

l'univers, ne dirigeant l'activité que vers des buts
partiels, elles doivent être tour à tour appliquées.
La limitation de l'âme enfin, qui se retrouve dans
chacune de ses propriétés, exige et des repos pour
chaque faculté et des périodes de ralentissement,
sinon de suspension générale, pendant lesquels
l'âme repliée sur elle-même reprenne de nouvelles forces.

La monade humaine est organisée de manière
à satisfaire à tous ces besoins. Dans le mystère de
son économie intérieure, ses diverses propriétés
sont *effectivement* subordonnées, liées ensemble ou
opposées les unes aux autres, conformément aux
rapports logiques qui existent entre elles. Chaque
penchant qui se déploie, chaque faculté qui entre
en exercice arrive bientôt, celui-ci à la satiété,
celle-ci à la fatigue, qui, les arrêtant, laisse la
place libre, dans le champ de l'âme, à d'autres
penchants, à d'autres facultés. Tous enfin tendent,
après s'être successivement déployés, à un repos
général et complet.

Mais cet ordre est bien autrement assuré, si
l'âme ne peut accomplir aucun acte sans le secours de l'encéphale. Agrégation de molécules, de
tissus, de parties différentes, que l'esprit ne peut
surexciter que tour à tour et qui ne saurait être
continuellement en action, le cerveau fortifie par
l'indépendance, la subordination, l'accord ou .'an-

tagonisme de ses divers éléments, les rapports
correspondants des capacités psychiques, et sa résistance à un mouvement intégral garantit leur
mouvement successif et hiérarchique pendant que
le ralentissement général et la suspension par-
tielle périodiquement imposée à la vie organique
par sa faiblesse relative, contraint les facultés supérieures de l'âme à prendre également le repos
qui leur est nécessaire.

Lorsqu'il est ainsi hors de doute que l'âme
n'exécute aucune de ses opérations si multiples et
si compliquées sans l'intervention du cerveau,
n'a-t-on pas le droit de dire que le développement,
l'existence de l'homme est plus impossible encore
que celle de l'animal sans la correspondance des
aptitudes générales de l'organisme avec celles de
l'âme, sans l'accord particulier de chaque organe
avec la faculté à laquelle il est affecté ?

XI

Mais déjà dans l'animal l'existence de l'être
complexe n'est pas seule en cause. Il y va aussi
d'un autre intérêt non moins important.

Si la vie de la bête et celle de l'homme sont
subordonnées à une constante correspondance et

de nature et d'intensité entre les modifications de
l'appareil physique et celles de la monade, cer-
taines divergences peuvent, sans que l'être pour
cela périsse, altérer les légitimes rapports de la
monade et de son instrument. Sans que les phénomènes diffèrent de nature, que seulement l'activité, la puissance propre d'un ou de plusieurs
organes dépasse, dans une certaine proportion,
celle des facultés qui en dépendent, ou lui soit
dans une certaine mesure inférieure, l'activité, la
puissance de ces facultés se trouve aussitôt accrue
ou affaiblie, et par suite toute l'économie intérieure de l'âme plus ou moins profondément mo-
difiée, soit au profit du bien, soit à celui du mal.

Quelque bornées que paraissent ses facultés
comparées à celles de la monade humaine, la monade animale n'en a pas moins sa destinée, qu'elle
doit, comme l'âme humaine, accomplir *elle-même*,
et dont l'organisme ne saurait être aussi que l'*instrument* et dans une mesure prévue l'*auxiliaire*.
Si, changeant de rôle, l'appareil contrarie l'essor
de la monade qu'il doit servir, la création supérieure tombe sous la dépendance de la création inférieure, l'instrument entraîne, retient dans
le mal l'être qu'il a mission d'aider à exécuter sa
part de l'idéal. L'appareil apporte-t-il au contraire
à l'œuvre de la monade un concours trop efficace,
le bien réalisé ne dérive plus dans une suffisante

proportion de cette dernière, être plus noble, mais de l'organisme, agrégat subalterne. L'usurpation succède à la révolte.

Si telles sont les conséquences, lorsqu'il s'agit d'une monade animale, combien plus fâcheux serait l'abaissement de l'âme humaine. Sa valeur, sa grandeur, son indispensable supériorité, c'est l'épanouissement de cette sensibilité qui, aux clartés de l'intelligence, s'élève en même temps qu'elle s'étend; c'est la réapparition de l'intelligence proprement dite, apportant à l'homme l'idée de lui-même, du monde, de Dieu; mais c'est par-dessus tout la liberté, la faculté accordée à l'être de réagir sciemment et volontairement sur lui-même et sur le monde pour accomplir le bien, même au prix de la douleur, et s'approprier ainsi, mérite vraiment sien, gloire *personnelle,* le bien que l'animal exécute sans même le connaître.

Que la dissonance de l'organisme arrête et fausse le développement d'une sensibilité, d'une intelligence de cet ordre, bien autre serait l'attente à l'arrangement rationnel et divin des choses, que si la matière entravait l'expansion d'une simple monade animale; mais combien plus déplorable serait la perturbation, le bouleversement, le scandale, si c'était la liberté même d'une âme humaine qui fût altérée soit par la désobéissance de son instrument particulier, soit par le trouble que les

imperfections de leurs organes respectifs auraient
jeté dans le jeu des penchants et des facultés qui
influencent nos déterminations !

Favorisé des dons intérieurs, cet enfant de
l'homme eût courageusement accompli la loi du
devoir, marchant d'un pas rapide et ferme dans la
voie du progrès, et le voilà au contraire qui s'a-
gite, incertain et misérable, au milieu des égarements et des souillures. Pourquoi? Parce qu'aux
délibérations de cette âme humaine se sont sub-
stitués les mouvements désordonnés des molécules
rassemblées pour la servir. Une pareille subver-
sion est-elle possible?

Mais, loin que l'outil se refuse à la destinée de la
monade, c'est à l'excellence de son instrument, à
son fonctionnement merveilleux, à ses incitations
salutaires, que la monade est redevable de la dé-
licatesse de ses perceptions, de la noblesse de ses
sentiments, de l'énergie de sa volonté, du magni-
fique emploi qu'elle sait donner à ses forces na-
tives. Parce qu'au lieu du mal ce serait le bien
que cette fois elle exécuterait sous des impulsions
étrangères et dominatrices, sa liberté en serait-
elle moins atteinte, moins diminuée, sinon anéan-
tie, et avec elle sa dignité?

L'animalité à ses divers degrés, c'est-à-dire dans
chaque espèce, chaque espèce ou plutôt chaque
individu dans les différentes phases de son exis-

tence, est plus ou moins limité, mais toujours harmonique et relativement parfait. L'homme, au
contraire, a été créé faillible dans sa sensibilité,
faillible dans son intelligence, parce qu'il devait
être libre en sa volonté. Privé par le vice de ses
organes d'une partie de sa puissance intellectuelle,
il demeurerait encore, tout en perdant une portion
de sa valeur, dans les conditions de la nature humaine, tant qu'il en conserverait le principal attribut, la liberté ; mais dépouillé de cette liberté,
et restant néanmoins soumis aux triples égarements de la sensibilité, de l'intelligence et de l'activité, il ne serait plus, jeté en dehors de toute
hiérarchie, qu'une création illogique, irration-
nelle, accusant dans son auteur le défaut ou de
puissance, ou d'intelligence, ou de bonté.

Or, il n'est qu'un moyen de prévenir cette destruction possible de la liberté humaine, de l'homme
lui-même, ou par la défectuosité ou par la perfec-
tion également oppressives de son organisme,
c'est que l'âme le façonnant elle-même soit la
cause médiate au moins, et toujours principale
et suprême, de toutes les influences bonnes ou
mauvaises qu'il exerce sur elle. Si, alors, l'imperfection d'un organe particulier, du cerveau, de
tout l'appareil, contrarie le jeu d'une faculté, de
l'ensemble des aptitudes, cette imperfection, ayant
son principe dans l'âme elle-même, témoigne une

fois de plus de sa limitation, mais lui laisse du moins toute son indépendance. L'heureuse composition de l'instrument favorise-t-elle au contraire l'essor des capacités de la monade, celle-ci retient tout le mérite du bien qu'elle réalise; car, si à l'accomplissement de ce bien a contribué pour une forte part la bonté du mécanisme matériel, c'est elle, l'âme humaine, qui a fabriqué ce dernier.

Celui-ci, à la faveur des propriétés que lui donne sa constitution particulière, et de celles que conservent ses éléments minéraux, n'en remplit pas moins ses fonctions d'intermédiaire, d'excitateur, de modérateur, de régulateur, et ainsi se trouvent conciliées la dignité, l'indépendance nécessaire de l'âme humaine et l'intervention, l'influence légitime et nécessaire aussi de l'organisme.

XII

Maintenant, comment la partie inférieure de nos facultés façonne-t-elle notre organisme? Comment les monades animales et végétales élaborent-elles les leurs?

Nous avons démontré l'unité de toutes les monades minérales, végétales, animales, humaines.

Elles ont encore entre elles d'autres similitudes.

Pour peu qu'on analyse avec quelque attention les attributs des êtres, on arrive à trois propriétés essentielles et fondamentales se retrouvant nécessairement au fond de toutes les créations particulières, dont les propriétés si diverses en apparence ne peuvent être que les degrés et les combinaisons différentes des trois attributs radicaux de l'être. A ce point de vue, ce que nous appelons matière n'est plus que la substance et ses aptitudes sous leurs manifestations les plus élémentaires, et ce que nous nommons esprit, la substance et ses aptitudes sous une forme plus haute. Les monades de toutes espèces se trouvant ainsi identiques les unes aux autres, en tant que substances, et ne se distinguant entre elles que par la mesure différente dans laquelle elles ont reçu les trois propriétés de l'être, la réaction des unes sur les autres, même entre espèces déjà éloignées, devient beaucoup plus facile à concevoir.

Eh bien! au milieu des particules minérales ainsi mieux connues, plaçons les monades végétales, animales, humaines, dont il nous a paru indispensable de reconnaître l'existence. Que leur faudra-t-il pour constituer et faire mouvoir l'organisme humain, le plus compliqué, le plus savant qui se rencontre ici-bas? Des attractions, des répulsions, des impulsions.

Or, à quelles conditions s'opèrent le transport des molécules dans l'espace et leurs réunions ou séparations ?

On proclame la matière incapable de se mouvoir elle-même comme de modifier la vitesse dont elle est une fois animée ; mais d'où vient alors que la terre gravite vers le soleil, celui-ci vers la terre, et que les corps posés sur le sol résistent au bras qui s'efforce de les soulever? D'où vient que telles et telles substances ne sont pas plutôt rapprochées, qu'elles se confondent dans la plus intime étreinte? qu'à l'encontre des monades animales, qui trouvent souvent en elles-mêmes les motifs immédiats des mouvements qu'elles impriment à leurs organismes, les monades minérales ne sortent de leur repos et ne modifient leur vitesse que sous l'influence d'un incident extérieur qui paraît alors la cause de leur mouvement ou de sa modification, on peut l'accorder, mais le besoin d'un fait déterminant se produisant au dehors n'empêche pas le mouvement d'avoir nécessairement son principe dans l'aptitude de la monade à se mouvoir elle-même. Lorsque les molécules A et B se dirigent l'une vers l'autre, cette double translation ne peut s'exécuter que par suite d'un phénomène interne, déploiement de l'une des propriétés fondamentales de l'être ou de l'une des combinaisons sous lesquelles Dieu les a commu-

niquées à cette classe de créatures que nous nommons atomes. La translation dans l'espace, en un
mot, n'est qu'un effet, derrière lequel se cache
une cause, un principe interne en action; mais ce
principe, à son tour, pourquoi entre-t-il en exercice? Avant le phénomène qui a pour résultat les
successifs changements de position de la molécule, il s'en est opéré non moins sûrement un
autre par lequel les particules A et B ont acquis,
sous un certain mode et dans une certaine mesure, la connaissance l'une de l'autre.

Est-ce même assez de ces deux modifications
pour faire comprendre que les molécules A et B se
précipitent l'une vers l'autre, et leur rapprochement dans l'espace est-il le seul but que se soit pro-
posé le Créateur? Non, certainement. La vie se développe et s'accroît sous deux modes, la différence
et l'accord. La différence, c'est-à-dire l'épanouissement des propriétés, des phénomènes, des individualités; l'accord, c'est-à-dire les relations qui
harmonisent les propriétés, les phénomènes, les
individualités. Pour satisfaire à cette loi suprême,
Dieu n'a pas voulu seulement le rapprochement
des molécules dans l'espace, même à cet humble
degré de la hiérarchie, il a voulu encore ce qu'il
commande à ses créatures plus hautes, le rapprochement moral, l'union interne par la correspondance des changements intérieurs se complétant

mutuellement. Entre la notion que les molécules A et B acquièrent l'une de l'autre et le phénomène dont leur mouvement est la conséquence, se produit en elles, sous la forme que leur nature restreinte comporte, une modification analogue à celle qu'aux rangs plus élevés de l'échelle des êtres nous appelons désir, appétence réciproque, tendance et invitation mutuelle à l'union. La science n'a-t-elle pas proclamé elle-même, en la désignant par son nom, cette immanation jusqu'aux derniers rangs de la création, de l'amour dont le Créateur est l'inépuisable foyer?

Or, si en s'*apercevant,* selon le mode qui leur est propre, les particules minérales s'*appellent,* les monades végétales, animales, humaines ne peuvent-elles pas, quoique d'un ordre supérieur, posséder pareillement, peuvent-elles, placées plus haut dans la série des êtres, ne pas posséder aussi la faculté d'appeler les molécules minérales, mais avec cette différence qu'entre monades minérales la connaissance certaine, fatale, inévitable qu'elles reçoivent les unes des autres suscite non moins nécessairement le désir constamment conforme qui détermine à son tour le mouvement, tandis que les monades végétales, animales, humaines ne solliciteraient les atomes à venir vers elles que lorsqu'elles en auraient besoin, et avec une puissance et une intensité variant suivant ce besoin ?

Mais, en attirant les particules qui leur sont nécessaires, les monades végétales, animales, humaines doivent posséder le moyen d'éloigner celles qui sont inutiles ou seraient même préjudiciables à la formation des organismes.

Pour que les monades minérales pussent déployer dans l'espace cette portion de leur vie de relation, dont il est l'indispensable théâtre, il fallait d'abord qu'il leur fût donné d'y affirmer leur présence, leur individualité; l'impénétrabilité est cette affirmation même. Mais la science, ne l'oublions pas, déclare qu'il n'y a jamais contact réel entre les atomes. Comment alors s'arrêtent-ils à distance! La gravitation nous les montre entraînés par un égal désir d'union, par un mutuel amour. Si, maintenant, au contraire, ils font respectivement halte au moment de se joindre, n'est-ce pas évidemment parce qu'en chacun d'eux s'est produit un phénomène opposé au précédent, un sentiment de répulsion, suivi d'une sorte de contraction interne qui suspend le mouvement? Telle nous paraît être la seule explication possible de l'impénétrabilité.

Continuons à transporter aux monades végétales, animales, humaines les attributs des monades minérales.

La monade végétale, animale, humaine qui veut arrêter une molécule minérale n'a qu'à développer, dans son propre sein, à l'encontre de cette molécule, le phénomène de répulsion, par lequel les monades minérales défendent les unes contre les autres leur part d'espace. Seulement, la modification uniforme et fatale dans l'atome minéral se déploie dans les monades supérieures au moment seulement et dans la mesure exigée par leurs convenances particulières.

En possession exclusive et invincible d'une portion de l'espace, chaque monade minérale (étendue ou inétendue) aurait pu entraver de proche en proche la circulation de toutes les autres, si l'impénétrabilité n'avait eu pour correctif l'obéissance aux impulsions reçues. Mais, d'un autre côté, pouvait-il être donné à une molécule se déplaçant avec une certaine vitesse de la communiquer, tout en la conservant elle-même, à la molécule qu'elle rencontrait? Outre la contradiction de communiquer et de garder, une seule molécule en mouvement aurait suffi pour y mettre de proche en proche toutes les autres, et chacune étant investie du même pouvoir, la quantité de mouvement développée dans le monde minéral y eût bientôt rendu tout ordre impossible. L'impénétrabilité seule abolissait la mobilité; le mouvement, intégralement communiqué, abolissait le repos, et dans les deux cas chaque molécule détruisait la personnalité de toutes les autres. La sagesse créatrice devait en décider autrement. A l'instant où la particule en mouvement A arrive à la limite du domaine assuré à la particule immobile B, celle-ci acquiert, suivant le mode propre aux monades du dernier rang, la notion de la présence, de l'exaltation, de la vitesse de la molécule A, et au même instant, en vertu de la loi générale de modifications sympathiques, moyen de toutes les relations des êtres entre eux, elle s'anime d'une exaltation et par suite d'une vitesse égales à la moitié de celle de la molécule A, tandis que cette dernière, recevant de son côté la notion de B et de son changement d'état, modère sa propre exaltation, et par suite sa vitesse, de toute la quantité de l'une et de l'autre que s'est donnée la molécule B; le partage entre le mouvement de l'une et l'immobilité de l'autre se faisant ainsi par moitié, suivant l'égalité ou justice (qui n'est elle-même que la conséquence de l'être avec lui-même), les deux personnalités sont pareillement sauves et l'harmonie se rétablit entre les deux monades, au dedans par la parité d'animation, au dehors par la vitesse une qui les fait marcher de conserve. Qu'au lieu d'un seul atome en mouvement et d'un seul en repos, il y en ait plusieurs en mouvement A, C, et plusieurs immobiles B, D, E, F, le mouvement se divisera, d'après le même principe d'égalité, entre les molécules en mouvement et celles en repos.

Tandis que les monades minérales suscitent, perpétuent en elles-mêmes ou se transmettent ainsi le mouvement d'après des lois fatales, invariables, sous la souveraine autorité des *motifs* extérieurs, la monade végétale, animale, humaine, se déterminant uniquement d'après ses nécessités propres, non-seulement développe, dans son sein, la tension productrice du mouvement toutes les fois et dans la mesure que ses besoins réclament, mais la modifie, la suspend, l'arrête de même. Pourvue de ce double privilége, lorsqu'il lui faut éloigner une ou plusieurs particules minérales, elle n'a qu'à se donner à elle-même la quantité d'exaltation demandée pour que les particules à repousser se mettent sympathiquement en mouvement. Celles-ci une fois excitées, ne pouvant modifier d'elles-mêmes leur animation, y persévèrent et s'éloignent, tandis que la monade végétale, animale, humaine, réprimant toute son exaltation ou dépensant contre son point d'appui ce qui lui en reste, prévient son propre déplacement et demeure immobile (1).

_____

(1) Dans le choc direct d'une bille d'ivoire en mouvement A contre une bille immobile de même matière et de même volume B, le mouvement de la première n'est pas détruit par la

Faculté d'appel, faculté de répulsion, faculté d'impulsion, les monades végétales, animales, humaines possèdent désormais tout ce qui leur est nécessaire pour rapprocher d'elles les molécules dont elles ont besoin et pour arrêter, repousser, éloigner celles dont la présence leur serait nuisible.

XIII

Ce n'est pas assez cependant, car il faut encore qu'elles déterminent la combinaison des particules qui entrent dans la composition des organismes. Les alliances intimes, les mystérieux hymens qui font l'objet de la chimie ne peuvent résulter que d'une série de phénomènes analogues à ceux qui produisent la gravitation : connaissance sous un certain mode, appétence réciproque, mouvement, union. Les substances en grand nombre chez lesquelles cet enchaînement de faits se déroule au simple contact, se fusionnent d'elles-mêmes, aussitôt qu'en les attirant les monades végétales, animales, humaines les ont placées à la distance où agit l'affinité. Mais il en est d'autres

---

résistance au mouvement opposé par les molécules qui composent le sphéroïde B, mais seulement par leur élasticité, c'est-à-dire par leur réaction contre un trop étroit rapprochement.

qui exigent en outre une excitation particulière
de calorique ou d'électricité. Qu'il existe des
fluides calorique, lumineux, électrique, ou que
les phénomènes qu'on leur attribue ne soient que
des changements sympathiques dans la manière
d'être des corps, avec projection de substance
sécrétée, pourquoi la monade végétale ou animale ne posséderait-elle pas aussi la faculté de
mettre en mouvement le calorique et l'électricité
ou d'entrer dans l'état particulier où les substances
provoquent les unes dans les autres les modifications que nous appelons transmission de calorique ou d'électricité? Les monades pourraient
encore opérer de la manière suivante : Les substances minérales sont, par rapport les unes aux
autres, suivant leur hiérarchie, dans les conditions de la sexualité, telles qui sont mâles pour
les unes devenant femelles pour d'autres, et
celles-ci seulement se combinant, même avec
excitation de calorique, qui ne sont pas trop éloignées, comme nous le voyons dans le règne végétal et animal. Le maintien des espèces est à ce
prix (1). Il arrive cependant qu'entre deux corps
trop distants l'un de l'autre par leurs caractères
s'en interpose un troisième, qui, mâle par rap-

(1) L'impossibilité de combinaisons nouvelles entre les produits
de secondes et de tout au plus de troisièmes combinaisons et
l'infécondité des mulets sont déterminées par le même motif.

port à celui-là, et femelle par rapport à celui-ci,
agit simultanément dans sa première qualité sur
l'un, dans la seconde qualité sur l'autre, et les
amène ainsi tous deux, par une sorte de proxé-
nétisme, à l'exaltation respective qui rend leur
union possible. Les deux ardeurs s'adressent au
corps interposé ; mais celui-ci, ne pouvant se ma-
rier en même temps avec tous les deux, ceux-ci
finissent par tourner l'un vers l'autre la passion
que son objet primitif refuse de satisfaire. Possédant les aptitudes des molécules minérales, avec la
liberté d'en user dans la proportion de ses besoins,
pourquoi la monade végétale ou animale n'aurait-
elle pas reçu dans les mêmes conditions la capacité d'exciter les molécules inférieures à se con-
fondre?

Nous avions déjà le mouvement, nous avons
maintenant toutes les combinaisons chimiques
possibles.

XIV

La monade végétale possédera ainsi les propriétés de la monade minérale avec les additions
réclamées par la nature de l'œuvre particulière
qu'elle doit mener à fin ; la monade, animale celles

de la monade végétale accrues et des nouveaux développements indispensables à l'élaboration d'un
organisme plus savant (*constructivité* plus haute) et
des aptitudes nouvelles dont le déploiement constitue la vie plus avancée à laquelle est appelé
l'animal ; la monade humaine enfin, toutes les propriétés de l'animal, et par conséquent du végétal
et du minéral couronnées par les attributs spé-
ciaux et supérieurs de l'homme.

Répugnerait-on à ces successives accumula-
tions?

Tout le monde les accepte déjà implicitement...
Qui ne reconnaît, en effet, que la division par
règnes, créée pour le besoin de nos infirmes in-
telligences, n'existe pas en réalité, et que la série
des espèces minérales, végétales, animales, humaine ne forme véritablement qu'une chaîne non
interrompue s'élevant par modification souvent
insensible de la molécule jusqu'à l'homme, le chef-
d'œuvre de la création terrestre, et pourtant, dans
son état actuel, à peine l'ébauche de ce qu'il doit
être un jour, même sur ce globe? Eh bien! ce mouvement ascensionnel de la vie, qu'est-ce, sinon
l'épanouissement progressif des propriétés de la
monade minérale?

La première de toutes, celle par laquelle la particule se pose et s'affirme en face de ses sœurs,

l'impénétrabilité, et par extension l'élasticité (1),
ne se bifurque-t-elle pas, dans le végétal, en
deux ordres d'instincts en vertu desquels la plante
d'une part, se fixant au sol, aspire les sucs de la
terre, les gaz de l'atmosphère, et, s'approchant de
l'animalité, va au-devant de la veine d'humus, de
la lumière, de l'appui dont elle a besoin, et d'autre
part rejette les substances qu'elle ne s'est pas assi-
milées, réagit contre les causes internes ou ex-
ternes qui menacent son existence.

De plus en plus compliqués, au moyen d'organismes de plus en plus compliqués aussi, ces
mêmes phénomènes ne deviennent-ils pas chez
les animaux, l'absorption localisée des liquides et
des solides, la digestion intestinale et stomacale,
la circulation du sang blanc et du sang rouge, la
respiration par trachée, par branchies, par pou-
mons, etc., pendant qu'au-dessus de ces mouvements de la vie végétative se déploient, à travers
tout l'espace maintenant et toute la confusion
de la nature, sensitifs et demi-intelligents, le dis-
cernement, l'appétence de la nourriture convena-
ble, et dans quelques espèces celle des substances
curatives, la recherche, l'amour des lieux aux-

(1) Impénétrabilité : défense du domaine absolument invio-
lable. Elasticité : défense et reprise de la zone supplémentaire
qui peut être dans certains cas envahie.

quels l'animal est approprié, et chez quelques-uns l'instinct de construction, d'approvisionnement avec une première apparition du sentiment de propriété, et parallèlement à ces impulsions celles de résistance, de lutte, l'invincible besoin de la liberté native? Est-ce de l'animal ou de l'homme que nous parlons? Les dispositions que nous venons de constater chez l'animal, ne les retrouvons-nous pas en effet chez l'homme, étendues, agrandies, transfigurées sous les formes si hautes propres à l'humanité, l'idée de la personnalité, du droit, de la justice?

Prenez successivement toutes les autres propriétés de la matière, la cohésion, l'affinité, la mobilité, et vous les verrez passer par les mêmes évolutions à travers les règnes végétal et animal, jusqu'à l'humanité qui, leur faisant à son tour parcourir toutes les phases de son indéfinie perfectibilité, les emportera certainement avec elle à travers toutes les sphères du monde moral comme du monde matériel.

La continuité des êtres et de leurs propriétés ainsi reconnue, celles non contestées des êtres plus élevés n'étant que la suite de celles qui sont dévolues aux êtres inférieurs, les unes et les autres ne sont en réalité que les mêmes propriétés prises à tel ou tel degré de leur développement rationnel et logique. De quoi s'agit-il alors? Uni-

quement de savoir si les créatures qui composent
les familles végétales, animales, humaine, peuvent ou non, doivent ou non posséder le commencement et la partie subalterne des facultés
dont elles ont reçu la portion plus haute.

De l'étude de l'Être absolu, idéal, résulte invinciblement, avons-nous dit, que son existence re-
pose sur TROIS PROPRIÉTÉS ESSENTIELLES, dont celles
des créatures ne peuvent être dans leur diversité
que les *degrés différents* et *les différentes combinaisons*. S'il en est ainsi, les créatures ne peuvent s'é-
lever les unes au-dessus des autres qu'en possédant en proportions de plus en plus considérables
les trois attributs fondamentaux de l'Être. Mais,
dans toute progression, le plus implique et renferme
le moins, et ne peut être que le moins augmenté
de ce qui n'était pas encore développé en lui. S'il
n'était que ce développement, il pourrait être différent sans être manifestement supérieur. Pour que
les créatures aillent réellement en se dépassant au
lieu de différer seulement les unes des autres, pour
qu'elles constituent véritablement une hiérarchie
contenant tout ce qu'elle peut et doit contenir, et
formant sans conteste le plus large épanouissement possible de l'Être fini, ce n'est pas assez que
chaque ordre représente les développements supérieurs des propriétés dont les ordres précédents
exprimeraient les développements inférieurs; il

devra posséder à la fois et les uns et les autres.
Voilà ce que réclame la théorie, pendant que l'é-
tude comparative des créatures nous montre dans
le végétal le minéral contenu et dépassé; dans
l'animal le végétal également contenu et augmenté ; dans l'homme, enfin, l'animal doué
non-seulement de facultés nouvelles, mais d'une
perfectibilité sans limite, et en même temps le
végétal, l'animal, l'homme, impossibles sans des
monades végétales, animales, humaines, recevant
tour à tour les attributs des règnes précédents.
Contre cet accord de la théorie et de l'observa-
tion, d'où pourrait surgir un doute, une objec-
tion?

XV

Il s'en élève une cependant, applicable surtout
à l'âme humaine. Si elle peut entrer directement
en relation avec le monde matériel, qu'a-t-elle
besoin d'un intermédiaire? Nous avons répondu
par avance à cette difficulté en montrant le triple
et quadruple office que l'appareil qu'elle se façonne remplit vis-à-vis de la monade humaine (et
déjà dans une certaine mesure le mécanisme physique de l'animal vis-à-vis de la monade du

même rang), mais cet appareil lui rend encore d'autres et plus importants services.

Exposées directement et de toutes parts à l'action des monades environnantes, les monades animales, humaines, succomberaient bientôt sous la multitude et l'intensité des impressions qui les assailliraient de tous côtés. Leur organisme les préserve de ce danger en les couvrant d'une enveloppe qui amortit les chocs, adoucit les impressions, ou ne les laisse pénétrer que par des voies étroites où elles ne peuvent passer qu'en petit nombre, et successivement.

Incapables de soutenir le contact immédiat du monde extérieur, les monades animales et humaines le seraient plus encore de réagir contre lui, réduites à leur seule force. Leurs mécanismes matériels y ajoutent celles de toutes les molécules, de tous les composés qu'ils contiennent, et qui, déjà subordonnés à la monade organisatrice, mettent à sa disposition toute la puissance de réaction qu'elles possèdent. Ainsi armée, la monade peut lutter victorieusement contre le monde qui l'assiége. Les uns ont dit que le corps était la prison de l'âme, les autres que, privée de son intermédiaire matériel, elle retombait forcément dans le néant. VOILE, LEVIER, frein, stimulant, régulateur, telles sont en réalité les multiples fonctions de l'organisme, qu'en naissant et pour s'élever de la vie minérale à la vie végétative, animale, humaine, l'âme immortelle se forme dans l'asile protecteur du sein maternel.

La constitution des appareils végétaux et animaux se prête encore à une autre fin : ce serait déjà un ennoblissement pour les molécules minérales que d'entrer comme éléments purement passifs et inertes dans la composition des agrégats, des organes, des ensembles de la Végétation et de l'Animalité ; mais, coopérant activement par le jeu de leurs propriétés au fonctionnement aussi bien qu'à l'élaboration de ces divers appareils, elles prennent une réelle et importante part aux services que les monades végétales, animales, humaines reçoivent de ces instruments de toutes leurs opérations. Concourant de la sorte au développement de la sensation, de la pensée, de la volonté, de la liberté, elles sont associées dans la même mesure à la grandeur de ces facultés. Leur nature les confinait dans les étroites limites de la vie minérale ; la formation des organismes végétaux, animaux, humains, les introduit tour à tour, sans que pourtant elles dépassent leurs propriétés, dans les sphères supérieures de la vie végétative, animale, humaine. La poussière devient fleur brillante, fruit savoureux, et quelque chose lui appartient dans le génie et la vertu de l'homme,

comme dans le courage du lion et la tendresse de
la colombe.

Les mécanismes végétaux, animaux, humain
possèdent enfin leur valeur propre et figurent
pour leur compte dans le plan de l'univers.

La système des molécules minérales et de leurs
agrégats simples ou composés forme les premiers
échelons de la vie. Série indéfinie d'agrégats
nouveaux, d'organes, d'ensembles représentant
une égale diversité d'idées, de conceptions, les
appareils végétaux, animaux, humain viennent
remplir l'intervalle entre le règne minéral proprement dit et les monades végétales, animales,
humaine, et contribuer ainsi pour leur part à l'accomplissement de la pensée du monde, la réalisa-
tion de tous les degrés et de toutes les combinaisons simultanément possibles de l'être fini et de
ses propriétés.

XVI

En reconnaissant que le corps est l'ouvrage de
l'âme *inconsciente,* on fait mieux que résoudre, on
supprime tous les problèmes tant et si vainement
agités de l'influence du physique sur le moral et

du moral sur le physique, mais il en reste cependant d'une haute importance. D'où sortent les monades nouvelles cachées au sein des germes? Quel est le sort des monades végétales et animales après la dissolution de leurs enveloppes respectives?

Il nous est impossible de ne pas dire ici quelques mots de ces capitales questions (1).

(1) Du moment que le corps de l'homme est l'œuvre non pas même des propriétés subalternes de l'âme, mais de la partie inférieure de ses facultés, il n'y a plus à s'étonner que le trouble de ces parties tantôt remonte jusqu'aux régions supérieures, tantôt les laisse calmes et sereines, et que la portion supérieure à son tour réagisse si souvent et si puissamment sur la partie basse, ou d'autres fois échoue dans cet effort. — Que l'œil, la bouche, tous les traits du visage destinés comme le reste de l'organisme à manifester le monde extérieur à l'âme et l'âme au monde extérieur, remplissent si bien ce dernier office, cela ne doit plus nous surprendre, les pensées et les émotions de l'âme pouvant modifier la physionomie directement par l'intermédiaire du cerveau et des muscles de la face, indirectement par cette portion des facultés psychiques de laquelle dépend plus spécialement le physique de l'homme. — Lorsque dans la conception ordinaire et calme l'expression de la figure et toute l'attitude du corps se modèlent si fidèlement sur l'ébranlement que l'âme communique à l'encéphale, est-il si difficile de comprendre que saint François d'Assise ou sœur Émerich, contemplant avec une ardente et fixe exaltation les stigmates adorés du Christ, les vibrations violentes et soutenues de l'organe cérébral, dirigées et fortifiées encore par le désir de l'assimilation, arrivent à produire aux pieds et aux mains de ces mystiques des désordres imitatifs de l'image qui possède l'âme? — Porté dans le sein de sa mère, ne faisant qu'un avec elle, l'enfant ne doit-il pas recevoir plus vivement, en raison de sa faiblesse, le contre-coup des secousses qu'éprouve sa mère, et si la surprise et la terreur impriment dans l'âme maternelle quelque soudaine et profonde empreinte, n'est-il pas naturel que cette

Il n'y a pour les monades nouvelles que deux origines possibles : ou elles sortent des monades antérieures, ou elles sont créées par Dieu au fur et à mesure des besoins. Mais si les êtres ne proviennent pas réellement les uns des autres, dans leur principe essentiel et constitutif, la monade, que signifie la sexualité et tout ce qui s'y rapporte? L'importance croissante des appareils, la solennité de plus en plus grande des actes de la génération, sont parfaitement justifiées, lorsqu'il s'agit de procréer l'être entier, lorsqu'il s'agit surtou de continuer et d'étendre la race de l'homme. On comprend que pour une pareille fin la sexualité enveloppe, pénètre, imprègne tout l'individu. Mais si la monade venant d'ailleurs et informant son organisme, il ne reste plus qu'à lui fournir les premiers matériaux, la grandeur des préparatifs ne s'explique plus, on n'a plus le droit de se servir du terme de génération ; toute cette représentation, tout ce jeu des sexes, n'est qu'une vaine et trompeuse fantasmagorie. Que deviennent ce que nous appelons à si juste titre les espèces, quand, au lieu d'une solidaire progression d'individus s'engendrant effectivement les uns les

image se grave quelquefois sur les chairs molles et fluides de l'enfant, — comme aussi que les figures des grands artistes, tels que les Raphaël, les Michel-Ange, les Rubens, soient si manifestement marquées aux mêmes caractères que leurs œuvres, œuvres et figures étant le produit des mêmes facultés plastiques ?

autres, conformément au type dont les premiers
couples ont reçu les éléments fondamentaux, l'on
n'a plus qu'une suite purement chronologique
d'êtres sans autre lien entre eux que la susdite et
si mince coopération aux premiers labeurs des
jeunes monades, que l'appel à leur apparition?
Créateur immédiat de chaque monade, Dieu devient l'auteur nécessaire et immédiat et de la fixité
des espèces et de leurs variations. Si ces longues
séries d'êtres continuent à offrir les mêmes caractères essentiels, c'est qu'il a plu à Dieu de rester
fidèle à sa pensée première, et si, au contraire, tel
ou tel individu nouveau reproduit les modifications
secondaires subies par ceux dont il semble prove-
nir, c'est que le Créateur a bien voulu plier à ces
changements le modèle qu'il avait d'abord conçu.
La génération réelle supprimée, il reste encore
entre les hommes l'analogie de constitution et les
relations que les similitudes et les différences d'or-
ganisations leur permettent d'établir entre eux
pendant leur courte existence terrestre; mais tous
les rapports, tous les devoirs qui ne peuvent avoir
pour base que la production des âmes les unes par
les autres s'anéantissent et disparaissent avec elle.
Les noms de père, de mère, de fils, de fille ont
perdu tout leur sens. La terre porte encore des
hommes. mais il n'existe plus d'humanité du moment qu'il n'y a plus de famille.

Mais comment accepter cette procréation des âmes les unes par les autres?

Il suffit, ce nous semble, d'un mot de réponse.

Si les monades ne peuvent générer d'autres monades, Dieu ne peut davantage en créer; le fini n'est qu'un développement, une éclosion de ce qui existait déjà en lui, et il ne constitue véritablement avec le monde qu'une seule et même substance.

XVI

Cette substance unique, pourtant, examinons-la encore un peu.

On ne saurait la concevoir, tout le monde le reconnaîtra, dénuée de pensée et dénuée de volonté. Comment celles-ci se développent-elles?

La substance précède logiquement la pensée qu'elle produit et qui l'implique. Mais qu'est-ce que la pensée, l'idée? Pure abstraction par rapport à son objet, l'idée est dans le sujet qui l'a conçue quelque chose de réel, de concret, d'existant. Or, cette chose douée d'une existence véritable et positive, et qui en même temps se développe et se dessine dans la substance, que peut-elle être sinon de la substance *transformée*, passée à un état plus subtil? Si elle n'est cela, que peut-elle être? Mais si la matière de la pensée est prise sur la substance préexistante (autrement, d'où pourrait-elle venir?), celle-ci est diminuée d'autant, et alors plus elle pense, plus elle se déploie en idées, plus elle s'amoindrit, se détruit en tant que substance et quantité.

Il en sera de même de la volonté; composée d'un élément intellectuel et d'un élément d'action et de force, elle ne saurait être, dans le premier, que comme la pensée pure, de la substance transformée, et dans le second, qu'est-elle, si elle n'est de la substance *condensée, transformée* et *retournée contre elle-même?* Ne pouvant non plus dériver d'une autre source, ces nouvelles quantités seront aussi tirées de la substance préexistante. Mais plus considérable alors et plus rapide sera la diminution, l'amoindrissement. Ainsi, à supposer que la substance puisse exister un instant sans pensée et sans volonté, le passage de la condition d'être pur à celle d'être qui pense et qui veut, au lieu de constituer un véritable progrès, un agrandissement par voie d'expansion, sera au contraire et en réalité le commencement d'un amoindrissement continu ne pouvant s'arrêter que par la renonciation à toute pensée, à toute volonté. Or, dans la théorie panthéiste, ce passage de l'état de pure substance à celui de substance

*

pensante, c'est l'apparition du monde, développement nécessaire de l'unité primitive. Peut-on admettre que l'épanouissement de l'intelligence, que l'exertion plus haute de la volonté, de la volonté libre, soit pour l'être le premier terme de la destruction?... La pensée, la volonté, l'expansion de toutes les facultés de la vie doivent rester ce qu'elles sont dans la conscience universelle, un progrès véritable, un réel agrandissement, une positive augmentation de l'être ; mais, pour qu'il en soit ainsi, il faut reconnaître à la substance, comme *premier et fondamental* attribut, la faculté de CROITRE et de s'étendre, non en déployant ce qui existait déjà à l'état d'enveloppement, mais en créant véritablement, c'est-à-dire en tirant d'elle-même, SANS SE DIMINUER, des quantités absolument NOUVELLES de substance. Tout change alors de face : se formant de quantités ainsi produites, la pensée, la volonté, au lieu d'épuiser la substance, en deviennent au contraire et le complément et le développement véritable. Par la première, en effet, la substance acquiert la connaissance d'elle-même, de ce qu'elle EST, PEUT et DOIT être, tandis que la seconde lui apporte, avec la faculté de RÉAGIR sur elle-même, le pouvoir de réaliser, par une détermination libre, dans le sein de l'être ou hors de lui, ce que l'intelligence lui montre comme constituant le bien.

La propriété qui doit fournir à l'expansion indéfinie, illimitée de la vie, est nécessairement
illimitée, inépuisable, capable de suffire à une triple et inépuisable production de substance, de
pensée, de volonté. Est-il besoin de dire le nom de
l'Être qui peut ainsi croître et s'étendre indéfiniment et éternellement, penser tout ce qui peut
être pensé, accomplir tout le bien imaginable?

Que manque-t-il à cet Être pour devenir le Dieu
créateur? Qu'au lieu de les ajouter à la substance
qu'il possède déjà, il constitue à part, à mesure
qu'elles sortent de lui, les quantités nouvelles
qu'il lui est loisible de produire sans fin et sans
relâche, et le monde existe, représentant au-dessous de l'Être infini, nécessairement unique, tous
les degrés et toutes les combinaisons simultanément possibles de l'Être fini et de ses propriétés.

Avec la faculté de croître et de s'étendre, première condition de l'existence, moyen de tout développement personnel, qui empêche le Créateur
de communiquer aux enfants de sa substance, au
moins à quelques-uns, la suite de cette propriété
de croître, celle de procréer à leur tour, afin qu'ils
puissent, eux aussi, répandre hors de leur sein la
vie et ses grandeurs?

Faculté de croître, faculté de procréer, développement indéfini de l'individu multiplication illimitée des êtres, nous avons et le moyen et le but non-seulement de la création mais de la vie infinie comme de la vie finie, l'idée première, dernière, unique de toute existence : L'EXTENSION DU BIEN PAR CELLE DE L'ÊTRE.

XVIII

Maintenant que deviennent les monades végétales et animales qui ont rempli leur rôle, ayant atteint tout le développement dont elles étaient et devaient être capables, au rang qu'elles étaient chargées d'occuper dans l'échelle des êtres? Elles ont achevé leur tâche, exécuté tout ce qu'elles pouvaient accomplir; désormais inutiles, superflues, remplacées par d'autres, que leur reste-t-il à faire, sinon à disparaître? Où peut conduire l'affaiblissement progressif que manifeste si visiblement la progressive détérioration des organismes qu'elles n'ont plus la force d'entretenir? Après les avoir vus se développer et grandir, nous les voyons s'abaisser et diminuer, donnant l'irréfragable preuve que la substance possède la faculté de décroître et de diminuer, comme de s'étendre et de s'élever. Ce mouvement d'amoindrissement, d'exténuation n'a-t-il pas pour terme fatal et néces-

saire l'extinction et l'anéantissement complet et
absolu? Peut-il en avoir un autre? ou prétendrait-
on que cette destruction serait contraire au principe
de l'extension du bien par celle de l'être, et que
s'il en coûte d'accorder à la substance la propriété
de croître et de s'étendre, non moins difficile est-il
de penser qu'elle peut décroître et s'anéantir. La
variété, qui semble la négation de l'unité, n'en
est au vrai que le développement. Comme toute
idée, celle de l'accroissement du bien par l'accroissement de l'être se manifeste sous des formes dont la diversité, la contradiction appa-
rente cache la profonde unité. Se réalisant dans
l'être primitif et infini par l'expansion éternellement infinie de sa substance, de son intelligence,
de sa volonté, par l'application incessante de sa
puissance créatrice, le principe de l'extension du
bien par celle de l'être, a pour expression nécessaire, dans le fini et le créé, l'existence et le développement du PLUS GRAND NOMBRE D'ESPÈCES ou
variétés SIMULTANÉMENT POSSIBLES de l'Être. Par cette
diversité seule est accompli le plus large épanouissement possible de l'Être à l'état fini. Mais
cette diversité elle-même n'est réalisable qu'à la
condition de la triple et harmonique limitation
du nombre des espèces, du nombre des individus
de chaque espèce, des dons qui caractérisent

chaque type ; placées aux derniers rangs, les monades minérales devaient être immortelles du
moment que leur était refusée la faculté de se
reproduire. Destinées par leurs aptitudes plus
étendues à figurer au-dessus du règne minéral, les
monades végétales et animales se seraient confon-
dues avec les monades minérales, si elles avaient
été stériles comme elles ; mais par cela seul qu'elles
étaient douées de la puissance de procréation, les
individus devaient être périssables, pour que leur
multitude toujours croissante n'envahît pas les
champs de l'existence au détriment d'espèces plus
nobles, telle que l'homme, ne se fît pas obstacle à
elle-même.

Déterminée par ce motif leur destructibilité,
loin de démentir, confirme au contraire le principe suprême de l'accroissement du bien par celui
de l'être.

Mais comment croire que la substance puisse
périr ?

La pensée et l'élément intellectuel de la volonté
se forment de quantités nouvelles et transfor-
mées. Mais de la substance qui se convertit en
idée par son passage à un état plus subtil, c'est
de la substance dégagée d'une partie d'elle-
même. Il est également incontestable, en effet, et
que l'idée possède une certaine *réalité substantielle,*

et qu'elle n'a pas, si l'on peut s'exprimer ainsi, la densité de la substance pure, qu'elle en est comme une sublimation.

Eh bien! la partie d'elle-même que la production nouvelle abandonne pour se changer en pensée, en lumière, que peut-elle devenir? Peut-il s'amasser dans l'être comme des scories de substance, résidus de la formation des pensées et des volitions? Le sein de l'être peut-il s'obstruer de semblables débris, de détritus de cette espèce? Est-il permis d'admettre un instant cette conséquence de l'apparition de l'intelligence, qui vient envelopper et pénétrer la substance de ses clartés? Non, lorsque du jet intérieur et spécial se dégage, comme une pure essence, la lumière de la pensée, la partie abandonnée, rejetée, ne peut que s'annihiler et périr. Ainsi apparaissent de toute nécessité et l'idée et l'élément intellectuel de la volonté. La substance est donc susceptible de se consumer et de s'anéantir comme de croître et de s'étendre.

Si elle ne pouvait périr, que deviendraient les relations des êtres libres? Deux lois régissent leur commerce, l'une qui s'appelle la justice, l'autre qui se nomme la charité. La justice, en dernière analyse, c'est le respect des êtres les uns pour les autres. Quel mérite auraient-ils à se respecter, si la destructivité de la substance ne leur donnait le pouvoir de se détruire, de se diminuer, de se porter mutuellement atteinte? Enlevez-leur cette puissance, vous avez anéanti du même coup la justice ; retirez-leur avec cette faculté celle de se détruire, de se diminuer eux-mêmes, que devient la charité, sacrifice de soi-même? Comment les êtres pourront-ils se dévouer, s'immoler au moins partiellement pour la conservation ou l'agrandissement les uns des autres, s'ils ne peuvent par un acte de leur volonté libre se séparer d'une partie d'eux-mêmes, livrer quelque chose de leur substance au néant?

La faculté de croître n'est pas la source unique de la vie ; il en est une autre, c'est la destruction.

Accroissement, destruction, tels sont les deux moyens par lesquels vont se déployant dans les champs illimités de l'espace et du temps les développements indéfinis de l'être et de ses propriétés ; partant, le bien et ses magnificences!...

www.ingramcontent.com/pod-product-compliance
Lightning Source LLC
Chambersburg PA
CBHW050628210326
41521CB00008B/1426